Tous lecteu

Docume

CW00504409

Le système solaire

Robert Coupe

traduit par Lucile Galliot

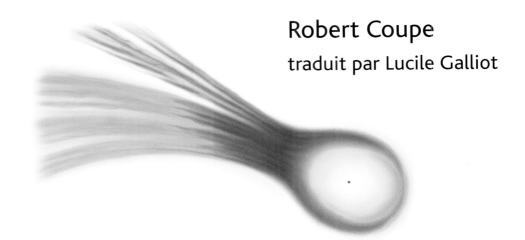

hachette
ÉDUCATION

Sommaire

☐ hachette s'engage pour l'environnement en réduisant l'empreinte carbone de ses livres. Celle de cet exemplaire est de : **250 g éq. CO$_2$**

PAPIER À BASE DE FIBRES CERTIFIÉES

Rendez-vous sur www.hachette-durable.fr

ISBN : 978-2-01-117491-8
Copyright 2008 © Weldon Owen Pty Ltd.
Pour la présente édition, © Hachette Livre 2010, 58 rue Jean Bleuzen, CS 70007, 92178 Vanves Cede

Un système solaire* est un ensemble de planètes
et d'autres astres* qui tournent autour
d'une même étoile*. Le Soleil est l'étoile
de notre système solaire.
Sur Terre, des chercheurs utilisent de gros
télescopes pour étudier les astres.
Depuis quelques dizaines d'années, l'homme
est même capable de voyager dans l'espace.

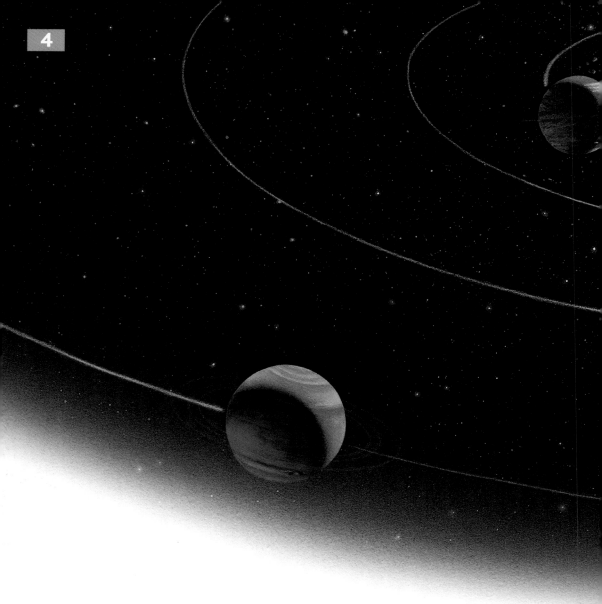

L'espace

Le mot *espace* désigne l'ensemble de l'univers.
L'univers est composé de millions de planètes,
d'étoiles* et de lunes*. La Terre n'est qu'un tout
petit point perdu dans cette immensité.

La Terre est une des huit planètes de notre système solaire*.
Comme d'autres astres*, elle tourne autour d'une grosse
étoile : le Soleil.

Le Soleil

Le Soleil est l'étoile* qui est
au centre de notre système solaire*.
Il a environ 5 milliards d'années !
C'est une grosse boule de feu
composée d'un gaz, l'hydrogène,
et d'autres gaz brûlants.
Il fournit à la Terre de la lumière
et de la chaleur.

Le sais-tu ?

Le centre du Soleil
s'appelle « le noyau* ».
Il est entouré
d'une couche appelée
« couronne ».

la couronne

Une galaxie* est un groupe d'étoiles. Le Soleil appartient
à la Voie lactée*, une galaxie qui compte au moins
200 milliards d'étoiles !

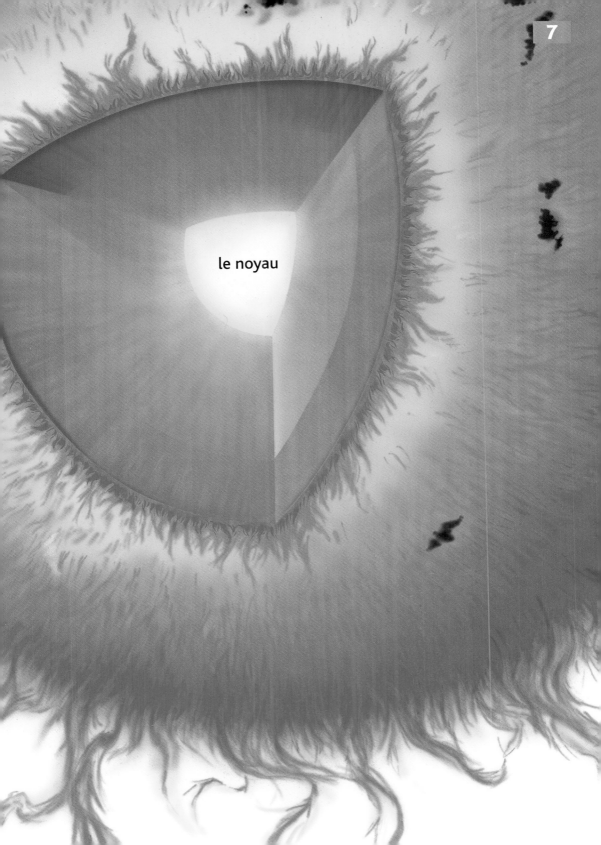

le noyau

La Terre

La Terre est peuplée de plantes, d'animaux et d'êtres humains. Sur les autres planètes du système solaire*, il n'y a pas de vie. Les planètes éloignées du Soleil sont trop froides tandis que les planètes proches du Soleil sont trop chaudes.

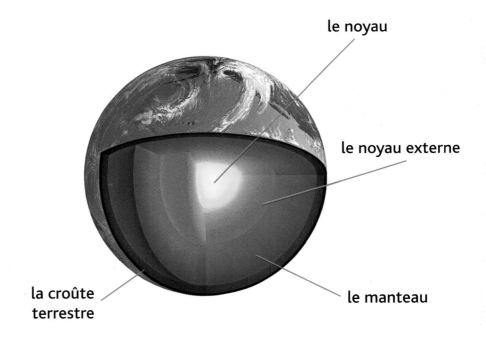

le noyau

le noyau externe

le manteau

la croûte terrestre

Les êtres vivants vivent sur la couche supérieure de la Terre : la croûte* terrestre. Sous cette couche se trouve le manteau*. Enfin, situé au centre de la planète, il y a le noyau*, constitué en majorité de fer et entouré d'une couche de liquide chaud.

Mercure et Vénus

Il fait très chaud à la surface de Mercure
et de Vénus car ces planètes sont très proches
du Soleil. Vénus est très lumineuse. On peut voir
briller cette planète depuis la Terre à l'aube et
au crépuscule. Mercure est plus difficile à observer.

Mercure

Sur Mercure, il n'y a sans doute
plus de volcans en activité.

Il y a 167 volcans sur Vénus. L'un d'eux est même presque aussi haut que le mont Everest* (8 850 m) !

Vénus

Mars

Mars ressemble beaucoup à la Terre.
On y trouve des montagnes et d'immenses
volcans. Son sol est rouge foncé et rocailleux :
c'est pourquoi on l'appelle « la planète rouge ».
Il y fait un froid glacial, jusqu'à – 140 °C !

En 2003, les États-Unis ont envoyé deux robots en mission sur Mars. Ces robots ont exploré la planète. Les photographies qu'ils ont prises ont ensuite été envoyées sur Terre et nous ont permis de mieux connaître la planète Mars.

Jupiter

Jupiter est la plus grosse planète de notre système solaire*. C'est une boule de gaz géante. Sa rotation* est très rapide et provoque de violentes tempêtes.

Les lunes de Jupiter

Jupiter possède quatre lunes* principales, toutes plus grosses que notre Lune.

| Callisto | Io | Europe | Ganymède |

En 1992, une comète* est passée près de Jupiter et s'est cassée en 21 morceaux. Deux ans plus tard, ces morceaux ont percuté la planète, formant d'énormes boules de feu.

Saturne

Tout comme Jupiter, Saturne est une planète gazeuse. Elle est entièrement constituée de gaz : l'hydrogène et l'hélium. Avec un télescope, on peut apercevoir ses anneaux composés de petits morceaux de glace.

les anneaux
de Saturne

Pendant très longtemps, les scientifiques ont cru que Saturne n'avait que trois anneaux. Ils savent aujourd'hui qu'elle en a des centaines !

Saturne

Cratère de lune

Mimas est une petite lune* qui tourne autour de Saturne. As-tu remarqué l'énorme cratère* à sa surface ?

Uranus

Uranus est une planète lointaine, située à la limite de notre système solaire*. Quand on l'observe au télescope, elle semble avoir une couleur verte. C'est parce que son atmosphère* contient un gaz, le méthane, qui absorbe toutes les lumières rouges.

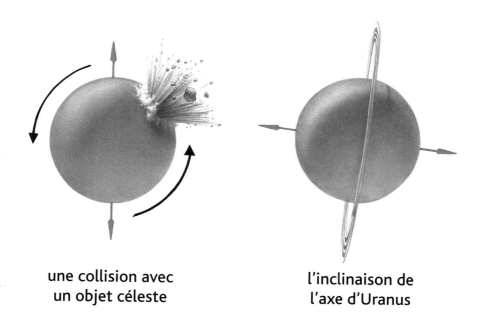

une collision avec
un objet céleste

l'inclinaison de
l'axe d'Uranus

Selon certains experts, un énorme astéroïde* se serait écrasé il y a très longtemps à la surface d'Uranus. Le choc expliquerait pourquoi la planète a l'air d'être penchée sur le côté.

Neptune est la planète la plus éloignée du Soleil.
Pour bien la voir, il faut utiliser un télescope
très puissant. Elle possède un noyau rocheux
qui pèse presque aussi lourd que la Terre !
À la surface de la planète, les vents les plus violents
du système solaire soufflent en permanence.

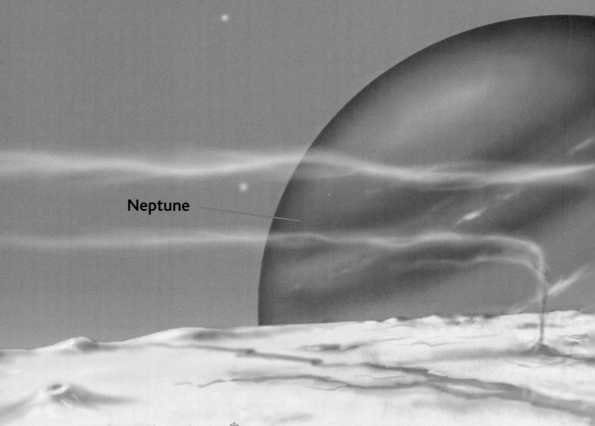

Neptune

Neptune a huit lunes*. Si tu étais sur sa plus grosse lune,
Triton, voici ce que tu verrais de Neptune.

En exploration

Nous connaissons mieux Neptune
depuis le passage de la sonde spatiale*
Voyager 2 il y a plus de 30 ans.

Triton

Pluton et au-delà

Pluton n'est pas une vraie planète. C'est un astre*
de glace plus petit qu'une planète mais plus
grand que les autres astres. Il est classé parmi
les « planètes naines ». Il est situé à la frontière
du système solaire*, dans une zone appelée
« la ceinture de Kuiper ».

Pluton

Charon

Charon est le satellite* le plus proche de Pluton.
Si tu étais sur Pluton, voici ce que tu verrais de Charon.

Le sais-tu ?

Il faut 248 ans à Pluton
pour faire le tour du Soleil.

Jupiter

Les astéroïdes

Les astéroïdes* sont de petits astres*
rocheux. La plupart se situent entre Mars
et Jupiter, dans une région de l'espace appelée
« la ceinture d'astéroïdes ». Parfois, l'un d'entre eux
passe près de la Terre.

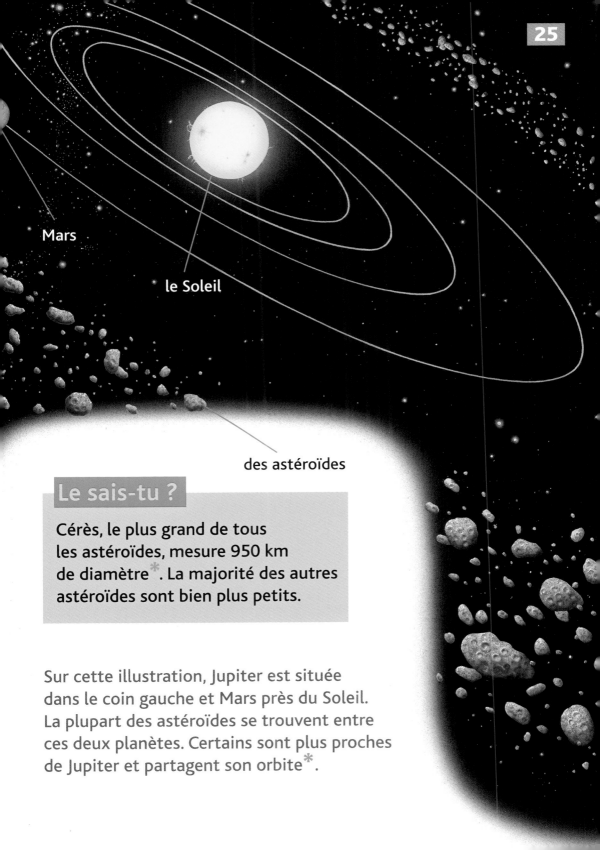

Mars

le Soleil

des astéroïdes

Le sais-tu ?

Cérès, le plus grand de tous
les astéroïdes, mesure 950 km
de diamètre*. La majorité des autres
astéroïdes sont bien plus petits.

Sur cette illustration, Jupiter est située
dans le coin gauche et Mars près du Soleil.
La plupart des astéroïdes se trouvent entre
ces deux planètes. Certains sont plus proches
de Jupiter et partagent son orbite*.

Les comètes

Les comètes* ressemblent à des boules
de neige sales qui voyagent dans l'espace.
Comme les planètes, elles tournent autour
du Soleil. La chaleur du Soleil réchauffe
leur noyau*. Cela produit un nuage
de poussières et de gaz appelé « chevelure ».

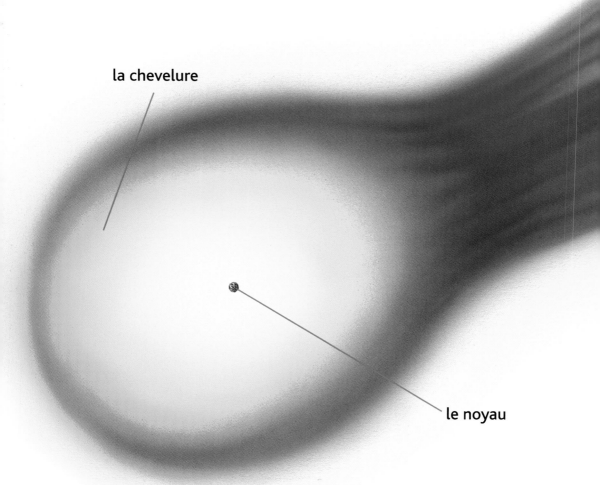

la chevelure

le noyau

une queue de gaz

une queue de poussières

Quand tu observes une comète dans le ciel, tu distingues sans mal sa queue à l'œil nu. Cette traînée de poussières et de gaz peut mesurer plusieurs millions de kilomètres de long !

Observer les étoiles

Quand la nuit est claire, le ciel s'illumine de milliers d'étoiles*. En levant les yeux, tu peux contempler une petite partie de la Voie lactée*. L'objet qui brille le plus n'est pas une étoile : c'est la planète Vénus !

Radiotélescope

Ceux qui étudient les planètes et les étoiles utilisent de très grands radiotélescopes. Ces paraboles* géantes détectent les signaux émis depuis l'espace.

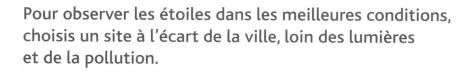

Pour observer les étoiles dans les meilleures conditions, choisis un site à l'écart de la ville, loin des lumières et de la pollution.

Quiz

Remets ces lettres dans le bon ordre puis associe chaque mot à l'image qui lui correspond.

| RIPTUJE | RETRE |
| OCTÈME | NAUSUR |

Lexique

astéroïde : astre rocheux, plus petit qu'une planète, qui tourne autour du Soleil. Une météorite est un astéroïde qui s'est écrasé sur Terre.

astre : planète, étoile, lune ou comète.

atmosphère : couche de gaz qui entoure certains astres.

comète : astre constitué de glace et de poussières qui tourne autour du Soleil.

cratère : gros trou à la surface d'une planète ou d'une lune formé par le choc d'un astéroïde ou d'une comète.

croûte : couche extérieure d'une planète, d'une lune ou d'un astéroïde.

diamètre : segment qui relie deux points d'un cercle ou d'une sphère en passant par son centre.

étoile : grosse boule gazeuse qui produit de la lumière et de la chaleur. Le Soleil est une étoile.

galaxie : ensemble de milliards d'étoiles, de gaz et de poussières.

lune : astre qui tourne autour d'une planète.

manteau : couche d'une planète située entre la croûte et le noyau.

mont Everest : le plus haut sommet du monde (8 850 m), situé sur la frontière entre le Népal et le Tibet.

noyau : partie située au centre d'une planète, d'une étoile, d'une comète ou d'un autre astre.

orbite : courbe parcourue par un astre ou par un satellite autour d'un autre astre.

parabole : antenne.

rotation : fait de tourner sur soi-même ou autour d'un autre objet.

satellite : astre qui tourne autour d'une planète. La Lune est un satellite de la Terre.

sonde spatiale : vaisseau non habité envoyé dans l'espace pour explorer des astres.

système solaire : ensemble des planètes, astéroïdes et autres astres qui tournent autour d'une étoile centrale.

Voie lactée : nom de la galaxie dans laquelle se trouve notre système solaire. Elle compte une énorme quantité d'étoiles.

Mise en pages : Cyrille de Swetschin

Achevé d'imprimer en France par Chirat - 42540 Saint-Just-la-Pendue - N° 201712.0275
Dépôt légal : Janvier 2018 - Collection n° 36 - Édition 09 - 11/7491/1